L'ART
DE L'AMIDONNIER

RENDU SALUBRE,

NOUVEAU PROCÉDÉ

utilisant

LE GLUTEN ET LA MATIÈRE SUCRÉE,

ET PROPRE A ÊTRE JOINT

AUX EXPLOITATIONS RURALES, BRASSERIES, DISTILLERIES, MEUNERIES, VERMICELLERIES, etc.;

Par Emile Martin, DE VERVINS,

Membre correspondant de la Société royale académique de St.-Quentin.

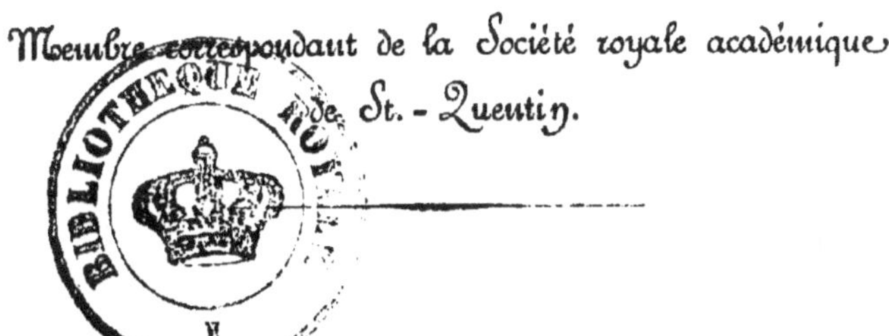

Introduction.

Comment se fait-il que l'Art de l'Amidonnier, créé depuis des siècles, soit arrivé à l'époque où nous sommes sans avoir éprouvé aucune amélioration?

Comme au premier jour, les procédés de tous les Amidonniers sont destructifs de matières précieuses, longs, embarrassans et sur-tout insalubres.

Tout le monde sait que l'amidon se prépare en mettant, soit le blé grossièrement moulu, soit les issues qui proviennent de la mouture de ces céréales, en contact avec de l'eau dans laquelle on a mis un ferment, prolongeant ce contact selon la température.

On conçoit que la fermentation qui se développe dans ce mélange d'eau, de froment, de substances végétales et végéto-animales, et particulièrement de gluten, passe et arrive à la fermentation putride qui s'opère avec production, par toutes ses phases, d'une odeur infecte, et doit donner lieu à des émanations fétides et insalubres; aussi a-t-on rangé les fabriques d'amidon, en raison de l'odeur qu'elles répandent, dans les établissemens insalubres et incommodes, établissemens qui ne peuvent être formés dans le voisinage des maisons particulières, et pour lesquels il est nécessaire de se pourvoir d'une autorisation du Roi accordée en Conseil-d'Etat.

La Société d'encouragement pour l'Industrie nationale, qui compte dans son sein un grand nombre de nos chimistes distingués, sentant l'imperfection du procédé suivi dans cet art, mit son amélioration au concours.

Je ne me contentai pas d'applaudir à cette résolution; je me mis à étudier la question et, à la fin de l'année, je me présentai devant le Comité des arts chimiques avec un Procédé mis en pratique sur une échelle assez étendue. Le rapport me fut favorable, sans toutefois juger le prix mérité; il m'encouragea à continuer mes recherches, ce que je fis et non sans succès. Mon Procédé subit d'importantes améliorations; c'est celui que je vais décrire.

A l'appui de ce que j'avance, je citerai quelques passages du rapport qui me concerne, fait à la Société d'encouragement, par M. Gaulthier de Claubry, au nom du Comité des arts chimiques, dans la séance du 30 décembre 1833.

« . . . . Sous le N° 2, se trouve un Mémoire étendu et renfermant beaucoup de détails remarquables; c'est celui qui avait fait concevoir à votre Comité l'espoir que la question serait résolue. L'auteur y a ajouté de nouveaux détails qui ont convaincu le Comité qu'il ne s'était pas trompé dans ses prévisions. Par quelques modifications simples, mais d'une grande importance pour la réussite de l'opération, le concurrent est parvenu à rendre son Procédé d'une simplicité telle, qu'il parait difficile d'arriver à de meilleurs résultats pratiques. . . .

« Le Comité l'a vu opérer à Paris, et il a été surpris

de la rapidité avec laquelle la séparation du gluten est opérée; mais il n'a pas voulu se borner à un essai de laboratoire, il a délégué l'un de ses membres, qui s'est transporté à Vervins, pour suivre l'opération manufacturière. Le délégué a assisté aux travaux de la fabrique qui est en activité depuis deux ans, et a pu s'assurer de l'exactitude des données fournies par le concurrent. . . .

« Il est facile de comprendre que, dans le traitement ordinaire des farines de céréales pour en obtenir l'amidon, une partie de ce corps doit être perdue, et l'on ne sera pas étonné quand nous dirons que la proportion d'amidon est beaucoup plus grande par le nouveau Procédé, que par celui de la putréfaction. . . . . .

« Le Comité a vu, avec la plus vive satisfaction, les résultats obtenus par le concurrent qui a porté sa fabrication à un degré de perfection qu'il paraît difficile de surpasser.

« Une question restait à examiner; celle de savoir si l'amidon obtenu par ce Procédé pouvait être employé avec autant d'avantage que celui qui provient de l'ancien, pour les apprêts des tissus : les essais faits par trois appréteurs de St.-Quentin ont donné généralement des résultats très favorables; mais, à cause de l'importance de la question manufacturière qui se rapporte à cet usage de l'amidon, le Comité a jugé que de nouveaux essais plus multipliés étaient indispensables, et il va s'occuper de les faire.

« Le Comité espère que l'offre faite, par le concurrent, de communiquer son Procédé à tous ceux qui desireront le mettre en pratique, sera acceptée; que le Procédé sera adopté dans un grand nombre de fabriques, et que par-là, ses avantages seront encore plus faciles à apprécier. . . . . . »

C'est en effet l'offre que j'ai faite; j'ai desiré avant tout être utile, et dans une question qui intéressait la santé publique et le bien-être d'une classe entière de citoyens, j'ai préféré une prompte propagation au bénéfice d'un brevet qui l'aurait restreinte pour long-temps.

Cette publication est faite dans le même but.

Quant à l'autorisation à demander pour l'établissement d'une amidonnerie par mon Procédé, il est évident qu'elle ne devra plus être la même, la profession ayant perdu toute insalubrité. J'extrais, à l'appui de mon opinion, quelques lignes de l'article *Amidonniers*, par MM. Chevallier et S. Furnari, dans le *Dictionnaire de Médecine usuelle* du docteur Beaude.

« . . . . Mais, ce qui tournera au profit de l'hygiène publique, ce sont les nouvelles découvertes que l'on a faites et qui se rattachent à la fabrication de l'amidon.

« M. Martin a trouvé le moyen de n'avoir aucun résidu, ce qui fait cesser toute cause d'insalubrité; en effet, il a : 1° approprié le gluten extrait des farines de manière à pouvoir le transporter pour le faire servir à la nourriture des animaux, soit à d'autres usages; 2° il fait fermenter les eaux de lavage, de manière à les convertir en une boisson agréable, ou à en tirer de l'alcool.

» Il nous semble que les procédés suivis à Vervins se propageront bientôt partout, et que la fabrication de l'amidon qui était une profession entraînant avec elle de l'incommodité et de l'insalubrité, sera débarrassée de ses inconvéniens et pourra être établie en tous lieux. »

L'ART
DE L'AMIDONNIER
RENDU SALUBRE,
Nouveau Procédé
utilisant
LE GLUTEN ET LA MATIÈRE SUCRÉE.

Des Matières premières.

C'EST généralement du froment, ou des résidus de mouture qui en proviennent, que s'extrait l'amidon versé dans le commerce.

Les fromens avariés peuvent être employés avantageusement dans cette fabrication, ainsi que ceux qui sont salis par des graines étrangères non colorantes, telles que la nielle, l'ivraie, etc. Cependant, ceux qui ont été bien récoltés, dont le grain est plein, l'écorce fine, qui ne sont mêlés, ni de terre, ni de poussière, donneront les produits les plus beaux et les plus abondans.

A qualité égale, on doit aussi préférer ceux qui proviennent des pays froids, des terres argilleuses et les variétés dites blés-blancs; ils donneront plus d'amidon, mais, par compensation, moins de gluten.

Le froment renferme encore deux substances qui peuvent être utilisées, c'est le gluten et la matière sucrée; ces deux substances, outre une quantité notable d'amidon, étaient perdues par l'ancien procédé (*).

Toutes les parties du froment qui contiennent de l'amidon peuvent être traitées par mon procédé; ainsi l'on pourra opérer :

1° Sur les farines de toutes qualités (de pur froment);
2° Sur la farine non blutée;
3° Sur les gruaux mêlés au son, ou purs;
4° Sur les rebulets, ou remoulages;
5° Sur les sons gras.

Mais il ne faudra pas opérer le mélange de ces diverses matières; au contraire, elles devront être séparées par grosseur. Ainsi, le froment moulu

---

(*) Par l'analyse, on obtient de cent parties de froment ordinaire bien sec en nombre rond :

Amidon.	70.
Gluten	10.
Matière sucrée.	5.
Son lavé.	6.
Eau, gomme, albumine . .	9.
	100.

pour cet emploi, devra passer dans un bluteau qui en séparera la fine farine; cette farine sera, si l'on veut, employée au même usage, mais séparément et avec quelques modifications que j'expliquerai plus loin.

PROCÉDÉ.

Il est simple et d'une facile exécution; voici en quoi il consiste :

Faire une pâte de la matière dont on veut extraire l'amidon.

Soumettre cette pâte à un lavage continu sur un grand tamis ovale, en toile métallique N° 120, doublé d'une même toile N° 15; le rebord, au-dessus de la toile, de 8 pouces environ.

On obtient d'une part l'amidon et la matière sucrée; de l'autre, sur le tamis, le gluten pur si l'on opère sur de la farine, ou des gruaux purs; le gluten mêlé de son, si c'est sur toute autre matière.

Je vais entrer dans quelques détails sur ces diverses opérations.

De la Pâte.

La pâte se fait avec de l'eau froide, versée au milieu de la matière à traiter, dans un grand pétrin ou de toute autre manière; elle ne doit point contenir de grumeaux, et doit avoir la consistance de la pâte à faire du pain, de manière qu'on puisse en tenir dans les mains un morceau de 4 à 5 kilos, sans qu'elle s'en échappe, ou qu'elle y adhère trop.

Toutes les pâtes ne sont pas bonnes à laver en même-temps; il faut que le gluten soit humecté dans toutes ses parties, sans cependant qu'aucune fermentation puisse se développer.

La pâte de farine blutée (farine à faire le pain) pourra être lavée vingt minutes après sa fabrication, et ne devra pas attendre plus de douze heures, terme moyen; plus en hiver, moins en été.

Celles de gruau et son, de gruau pur, de rebulets et de son gras, six heures après leur fabrication et jusqu'à vingt heures.

Si le gruau était très gros, il serait même bon de faire la pâte au moins dix heures à l'avance. Il sera d'ailleurs facile de juger quand la pâte demandera à être lavée, si la matière est un peu riche en amidon; en appuyant la main dessus de temps en temps, on verra qu'elle commence par se durcir pendant un temps plus ou moins long; qu'elle reste ensuite stationnaire pendant un autre intervalle, puis finit par se ramollir; c'est quand elle n'épaissit plus, que le moment le plus favorable pour le lavage. est arrivé.

Du lavage de la Pâte.

Une cuve à eau, proportionnée à la quantité de laveurs qu'on veut employer, est placée sur un massif en maçonnerie de la hauteur d'un mètre environ. A un demi-pied de son fond, sont placés des robinets espacés convenablement. Ces robinets sont longs d'un pied et demi, ou si ce sont des robinets ordinaires à tirer le vin, on les allonge d'un tube en bois ou métal qui leur donne cette longueur; ils sont garnis en tête d'un tube cylindrique formant le T, percé en dessous d'une quarantaine de petits trous jettant l'eau sur les deux tiers de la surface du grand tamis dont il a été parlé plus haut.

Sous cet ajutage, on place une petite cuve avec deux barres de champ s'enclavant sur ses bords, sur lesquelles repose le tamis qui doit être suffisamment éloigné du robinet, pour que les bras du laveur aient toute liberté d'agir.

Tout étant ainsi disposé, et la cuve remplie d'eau claire et fraîche (en été, il ne faut pas la tirer trop à l'avance), le laveur ou la laveuse, car une femme peut aussi faire ce travail, prend un morceau de pâte, de cinq kilos environ, et le présente sous le robinet ouvert, puis le posant sur le tamis, il le malaxe avec les deux mains, d'abord doucement, puis à mesure que le gluten se forme en filamens, avec plus de vivacité, jusqu'à ce que l'eau qui sort de la pâte cesse d'être d'un blanc de lait.

Cette opération demande ordinairement de huit à dix minutes, et il reste sur le tamis, selon la matière employée pour faire la pâte, du gluten pur, ou mêlé de son.

Si la matière employée n'est pas assez riche pour former une pâte liée qui résiste à la gerbe d'eau et à la malaxation, telles que celles faites avec les rebulets et les sons gras; aussitôt qu'elle est délayée sur le tamis, ce qu'il faut retarder le plus possible afin de laisser former le gluten, l'ouvrier prend une brosse molle et la promène dans le tamis de manière à faire passer l'eau à mesure qu'elle arrive; l'opération faite, il ferme le robinet, fait égoutter la matière en la pressant légèrement avec la main, la jette dans un baquet et recommence une nouvelle opération.

Des Dépôts d'Amidon.

L'eau qui tombe sous le tamis entraîne tout l'amidon que contient la pâte; elle est d'un blanc de lait parfait si la matière employée est riche.

Chaque fois que le tonneau du laveur est plein,

on en transporte le contenu, à l'état laiteux, dans les bernes qui sont disposées pour cela, mais cette eau ne tarde pas à s'éclaircir par la séparation de l'amidon qui tombe au fond du vase.

Quand cette séparation est à-peu-près complette, ce qui demande environ 24 heures, on soutire au siphon ou par des canelles toute l'eau claire qu'on met de côté pour l'utiliser, comme nous l'indiquerons plus loin.

Le produit de deux bernes est réuni en une, sans essayer d'en rien séparer encore, et l'on verse dessus, en été, de l'eau échauffée par la température de l'air ou du soleil; il suffira de la tirer vingt-quatre heures à l'avance; en hiver, de l'eau rendue tiède au moyen d'un seau d'eau bouillante sur cinq à six d'eau froide, ou par tout autre moyen (*Note* 1re). Jusqu'à ce que la berne soit presque pleine, on opère le démélage avec une pelle de bois ou rame, en ayant le soin d'arrêter le liquide par un tour en sens contraire au moment de retirer la rame.

Vingt-quatre ou trente-six heures après, on écoule tout le liquide clair, et si l'on a bien opéré, il reste dans la berne : 1° une eau blanche; 2° un premier dépôt d'un blanc sale à demi liquide; 3° un dépôt bien blanc et ferme composé d'amidon.

Avec une brosse molle ou un gros pinceau, on

délaie le premier dépôt dans l'eau blanche, ayant le soin de soulever, de temps en temps, un côté de la berne pour voir si l'on arrive au dépôt blanc; quand on l'aperçoit, on s'arrête, puis inclinant et soulevant brusquement la berne, on verse toute la partie liquide dans un baquet sans donner le temps au pain d'amidon de glisser.

L'amidon retiré, on remet dans la berne ce qu'on a versé dans le baquet et de l'eau fraîche pardessus, dans la proportion de quatre à cinq fois son volume; on mélange bien le tout, pour, vingt-quatre heures après, en retirer un second dépôt en opérant comme la première fois. Après ce second dépôt, l'on réunit deux tonneaux en un, pour avoir encore un troisième dépôt : c'est ordinairement le dernier.

Cependant, en passant au tamis de soie, N° 96 à 100, les gras et les eaux blanches qui restent après le troisième dépôt, on obtient encore de bel amidon, sur-tout si l'on a opéré sur de la farine; car, il est à remarquer que la grosse mouture, les gruaux, les rebulets donnent plus promptement leurs dépôts que la farine la plus fine (*Note* 2e).

Les dépôts sont réunis à mesure qu'on les retire du fond des bernes, délayés dans de l'eau claire et passés au tamis de soie, N° 96 ou 100.

La meilleure manière de tamiser consiste à mettre le liquide par petites portions sur le tamis auquel on imprime un mouvement de va-et-vient sur deux douves de tonneaux assemblées par les bouts, et au-dessus d'une petite cuve très propre (*Note* 3e).

Le surlendemain, l'amidon s'est déposé en pains bien fermes et parfaitement blancs, quand la surface en a été convenablement rincée.

C'est alors qu'on le met dans les formes, caisses percées de trous dans le fond, ou paniers garnis d'une toile mobile, afin qu'il s'égoutte.

Le lendemain, on renverse les formes sur une aire de plâtre ou sur des tables en bois blanc, où le pain d'amidon est découpé ou rompu en morceaux réguliers de trois pouces d'épaisseur environ, sur huit à dix pouces de hauteur et de largeur, qui sont portés sur les rayons du séchoir, où on les laisse jusqu'à ce que la surface commence à s'écailler légèrement.

Si l'on veut de l'amidon en aiguilles, c'est le moment de le mettre à l'étuve, après en avoir raclé la surface.

Mais, si l'on ne tient pas à la forme et que ce soit dans la belle saison, l'on se contentera, après avoir raclé les pains, de les diviser en morceaux un peu moindre que le poing, qu'on laissera sur les rayons du séchoir ou sur des tables de bois blanc, dans un endroit bien aéré, ayant soin de le retourner une fois ou deux jusqu'à ce qu'il paraisse bien sec; alors seulement on lui fera passer une journée à l'étuve pour achever sa parfaite dessication.

Si l'on veut de l'amidon en aiguilles, il faudra attendre, pour passer les blancs au tamis de soie, qu'on en ait une quantité suffisante pour garnir l'étuve.

La chaleur de l'étuve devra être, les deux premiers jours, de 35 à 40 degrés centigrades, et augmenter progressivement pour qu'il y ait le dernier jour un bon coup de feu.

Si les pains sont enveloppés de papier avant de les mettre à l'étuve, ils conserveront mieux leur blancheur.

Le froment de bonne qualité donnera, s'il est bien traité, 50 p. 100 de bel amidon;

La belle farine, 55.

Il restera, en outre, à utiliser l'amidon gras, dépôt qui ne peut plus laisser séparer d'amidon, quoiqu'il en contienne encore une partie notable (*Note 4*[e]). Après l'avoir laissé reposer deux ou trois jours, on le mettra égoutter sur des claies garnies de toiles, dans un endroit fort aéré. Ayant peu d'épaisseur, deux pouces environ, il a bientôt pris assez de consistance pour être découpé en morceaux, puis séché, soit à l'étuve, soit à l'air libre. On en obtiendra 10 kilos environ pour 100 kilos de matière traitée.

Cet amidon sera d'un blanc un peu grisâtre; mais d'un très bon emploi pour apprêter les étoffes de couleur, sur-tout les nuances foncées et grises.

Dans cet état, il est propre aussi à faire des sirops pour les brasseurs et les distillateurs, au moyen de l'orge germée; mais si, dans l'établissement même, on distillait les eaux de lavage, ou si l'on en fesait de la bière, comme nous l'indiquerons plus loin, ce serait à l'état pâteux ou de bouillie qu'on utiliserait cette matière, aussi en la saccharifiant au moyen de l'orge germée.

Du Gluten.

Le gluten frais, obtenu par le lavage de la pâte de farine blutée, forme d'ordinaire un peu plus que le quart en poids de la farine employée.

Cette proportion varie selon les pays et la qualité du froment; dans le midi de la France, elle est un peu plus forte; en Sicile et en Barbarie, elle s'élève souvent au tiers.

Ce gluten, en sortant du tamis métallique, a besoin d'être nétoyé par un second lavage sur un tamis de crin clair, pour enlever le petit son et quelques impuretés, si toutefois l'usage auquel on le destine exige qu'il soit tout-à-fait pur.

Séché, il perd trois parties sur cinq.

Celui qu'on obtient de la farine non blutée, est entièrement mêlé au son et ne peut guère en être séparé; on distingue cependant facilement ses filamens blancs qui forment mille réseaux.

On emploie ce dernier tel qu'il sort des tamis. Il en est de même du gluten obtenu par le lavage des gruaux impurs, rebulets ou son gras.

Propriétés et emplois du Gluten.

Le gluten est, sans contredit, la substance alimentaire, végétale, la plus nourrissante que nous connaissions; l'azote, étant un de ses élémens, le fait participer de la nature animale et lui donne une supériorité immense pour l'alimentation sur les gommes, les fécules, les sucres et les autres substances végétales qui n'en contiennent point. Il est de plus indispensable à la panification.

A l'état frais, il peut être ajouté à la pâte de farine de froment dans la proportion d'un sixième de la farine employée, et même d'un cinquième, si l'on veut avoir un pain qui se conserve bien frais et plein de saveur, même pendant les chaleurs de l'été;

Pour la farine de méteil, contenant un tiers froment, d'un quart;

Pour la farine de seigle ou d'orge, d'un tiers, ainsi que pour la farine d'avoine, de maïs et de sarrasin ou blé noir.

Joint à la fécule de pommes de terre seule, le pain est fade et lève difficilement; mais, si l'on ajoute une assez forte proportion de pommes de terre cuites à la vapeur et écrasées (*Note* 5e), on obtient un pain magnifique se conservant bien et dont le seul défaut est d'avoir le goût de pomme de terre cuite, qui d'ailleurs n'aurait rien de désagréable si l'on y était habitué. L'addition de farine de seigle à la fécule, avec l'aide du gluten, donne aussi un bon résultat.

La moindre quantité de ferment, levain de pâte ou levûre de bière, rendant le gluten très mou, il sera toujours facile de l'ajouter à la pâte; seulement il faudra tenir compte du refroidissement qu'il devra opérer.

La quantité de pain qu'il donne est égale à son poids.

Le gluten frais, pur, est encore propre à faire du vermicel, en y ajoutant assez de farine ou un mélange de farine et de fécule, pour le durcir convenablement; on pourra faire ainsi des vermicels de riz, de maïs, etc., en employant pour durcir le gluten, les farines de ces végétaux.

Le gluten frais se conserve, sans altération, vingt-quatre ou trente-six heures l'été, et deux ou trois jours l'hiver; passé ce temps, il s'aigrit et se liquefie.

En cet état, il est encore très bon pour la nourriture des animaux; il suffit de le pétrir avec du son pour en former des pains, qu'on cuit au four et qu'on fait tremper quelques heures à l'avance quand on veut les employer. On en obtient 200 kilos avec le gluten de 500 kilos de farine; le son y entre pour 75 kilos. Il se conserve de dix à quinze jours sans moisir, selon la saison et le degré de cuisson. S'il est destiné à être conservé plus long-temps, on le coupe par tranches qui sèchent bien au four, à l'étuve et même à l'air libre.

Les cochons, les volailles, les moutons, les bœufs et les chevaux le mangent avec plaisir; on y ajoute, si l'on veut, un peu de sel ou de mélasse de betteraves pour les affriander. Ceux de ces animaux qui en font un usage suffisant, ne tardent pas à engraisser, s'ils sont d'ailleurs dans l'âge et les conditions nécessaires pour l'engrais.

Le gluten obtenu des farines non blutées ou des

rebulets, et, par conséquent, mélangé de son, peut se donner aux animaux à l'état frais; mais on fera mieux de lui donner aussi une légère cuisson, soit qu'on en fasse des pains, comme nous l'avons dit plus haut, ou qu'on le fasse bouillir dans une chaudière.

Le seul moyen possible pour conserver long-temps le gluten propre à la panification ou même à la nourriture des hommes et des animaux, est la dessication. Pour le premier cas, il ne faut pas que la chaleur employée soit supérieure à 45 ou 50 degrés centigrades. La seule manière facile d'opérer cette dessication, est de pétrir le gluten frais dans une bassine chaude, avec partie égale de fécule parfaitement sèche.

On laisse ensuite refroidir le mélange qui, de mou devient ferme; alors on l'émiette sur les rayons d'une étuve ou dans un grenier chaud et bien aéré. Du matin au soir, la pâte est sèche, blanche, d'un goût franc, sans aucune acidité. Pour éviter l'adhérence de la pâte aux rayons, on les saupoudre légèrement de fécule; cette pâte sera facilement réduite en farine.

200 kil. de cette farine pourront servir à panifier 300 kilos de farine de pommes de terre, de maïs, d'avoine et de toute autre farine privée de gluten.

Une provision de ce gluten ne serait donc pas

à dédaigner pour un temps de disette, ou pour exporter dans les pays qui ne produisent pas de froment.

S'il n'est pas destiné à la panification, la meilleure manière de le préparer, est de le faire cuire dans une chaudière sans aucune addition d'eau, de l'étendre ensuite sur des plaques de tôle qu'on porte au four, légèrement échauffé, ou qu'on y met après le pain.

Si on le réduit alors en farine et qu'on le mêle à une fécule quelconque ou à des purées de légumes, il donnera des potages agréables et très nourrissans.

Mis dans un four un peu plus chaud que pour la dessication simple, il prend une belle couleur dorée et peut être alors employé aux mêmes usages que la chapelure, quand il a été mis en poudre grossière.

Emploi du Gluten dans les Arts.

Sec ou frais, le gluten peut être employé par les distillateurs avec beaucoup d'avantage, non seulement pour saccharifier les fécules, mais pour obtenir avec les sirops de fécule, les mélasses, etc., des fermentations plus promptes et plus riches en alcool. *Fabroni* a démontré que le gluten est par-dessus tout le principe essentiel à la fermentation.

Le gluten, abandonné à lui-même pendant sept à huit jours, à une chaleur de 15 à 18 degrés, devient aigre et perd son élasticité; il s'unit à l'eau, s'étend au pinceau, forme une véritable colle sans mauvaise odeur, qui peut se conserver huit à dix jours; dans cet état, il colle parfaitement le papier, les cartes et le parchemin sur carton, le bois, la porcelaine, etc.

Cette colle peut être séchée sur des assiettes, dans une étuve et conservée pour l'usage.

Emploi des Eaux de lavage.

La farine de froment contenant, d'après les analyses de *Vauquelin*, environ 5 p. 100 de matière sucrée, l'eau de lavage s'en trouvera chargée; il suffira, pour utiliser ce sucre, d'ajouter dans cette eau échauffée à un degré convenable, une quantité de mélasse de betterave suffisante pour amener le liquide à 7 ou 8 degrés, au pèse-sirop, ou l'amidon gras saccharifié au moyen de l'orge germée dans la même proportion; de mettre en fermentation par l'addition de levûre et de gluten, et de distiller quand le liquide aura cessé de fermenter, pour en retirer tout l'alcool qui se sera produit.

Un autre emploi de cette eau de lavage, c'est d'en faire de la bière.

Voici une formule simple qui m'a bien réussi; dans huit hectolitres d'eau de lavage, marquant au pèse-sirop un peu moins que deux degrés, ajoutez : sirop de dextrine coloré, mêlé d'un tiers bonne mélasse de raffinerie, quantité suffisante pour amener le liquide à 6, 7 ou 8 degrés, selon comme on veut la bière forte ou légère :

Mettez deux hectolitres de cette eau dans une chaudière, avec deux kilogrammes de bon houblon nouveau; portez à l'ébullition pendant un 1/4 d'heure, la chaudière couverte; ajoutez encore quelques poignées de coriandre et d'anis; puis, au bout d'un quart-d'heure d'infusion, filtrez ce liquide à travers une toile placée dans un panier au-dessus de la cuve où se trouve le liquide froid, et opérez le mélange. Quand la température sera de 20 ou 25 degrés, selon la saison (si le degré était moindre, on ferait chauffer une partie du liquide pour l'amener à ce point), on ajoutera deux kilogrammes de bonne levûre, autant de gluten frais, et l'on favorisera la fermentation par les moyens ordinaires; c'est-à-dire, en couvrant la cuve et tenant la place chaude. Après quatre à cinq heures, quand la fermentation commencera à baisser, on entonnera, en ayant le soin de mettre la bonde des tonneaux un peu de côté et de remplir souvent, afin de faire écouler la levûre et clarifier la bière.

Au lieu de sirop de dextrine du commerce, on peut employer celui qu'on obtient de l'amidon gras, saccharifié comme pour la distillation.

Cette saccharification se fait en mettant l'amidon gras, délayé avec de l'eau, dans une chaudière, chauffant à 70 degrés centigrades, ajoutant 10 à 15 kilogrammes d'orge germée moulue fine pour 100 kilogrammes de matière sèche à saccharifier, arrêtant le feu, couvrant, et remuant de temps en temps pendant deux heures. La chaleur du foyer suffit ordinairement pour maintenir le liquide entre 62 et 70 degrés; s'il tombait plus bas, un peu de feu y remédierait. Au bout de deux heures, le liquide étant devenu gris et transparent, de blanc qu'il était, on le filtre et il est propre à faire, soit de l'alcool, soit de la bière. Si ce sirop était destiné à être conservé, il faudrait le rapprocher par l'ébullition, dans une chaudière platte et ouverte, jusqu'à 32 degrés bouillant.

Cette eau, outre le sucre de l'albumine et de la gomme, peut aussi être donnée comme breuvage nourrissant aux vaches et aux chevaux.

NOTES.

Note 1re. M'étant aperçu que, par un temps froid, le pain d'amidon était moins fort et demandait plus de temps pour se former que par un temps doux, j'en cherchai la raison ; d'abord, je crus qu'il y avait une légère fermentation, mais l'absence de bulles et de mouvement dans le liquide me fit abandonner cette idée ; j'éprouvai d'ailleurs qu'une fermentation réelle était plus nuisible qu'utile à la formation du dépôt blanc. Voici comment j'explique maintenant ce phénomène : le grain d'amidon au moment de sa séparation d'avec le gluten n'est pas encore assez pur pour se déposer ; sa surface est recouverte d'un léger enduit gluant, insoluble dans l'eau froide, soluble au contraire dans l'eau tiède.

En effet, l'hiver, l'eau froide qui a servi à laver un premier dépôt reste claire ; l'eau douce se charge d'une matière blanchâtre qui lui donne l'aspect et le goût du petit lait ; exposée au froid, elle laisse déposer une substance d'un blanc grisâtre, poisseuse, ayant un goût de fromage blanc ou *caseum*, qui, séchée, brûle sans se fondre et se boursoufler comme le fait le gluten. Si ce n'est pas la véritable explication, le lavage à l'eau tiède n'en est pas moins très utile ; j'observerai cependant que ce n'est pas ordinairement dans l'eau tiède que s'obtient le plus beau dépôt d'amidon, mais bien dans celle qui la suit ; l'eau tiède est nécessaire au lavage de l'amidon, l'eau froide à sa précipitation.

Note 2e C'est sur-tout quand on opère sur de la farine que cette tamisation à la soie pour obtenir un dernier dépôt, est utile; dans la grosse mouture, les parties ligneuses, le son, le germe n'ont été que froissés par la meule et séparés en particules grossières qui, au lavage, ne peuvent traverser le tamis métallique d'un No élevé comme le 120; l'amidon passe donc presque pur. Au contraire, dans la farine blutée et très fine se trouvent des particules de son, de germes et de ligneux, assez divisées pour suivre l'amidon dans le lavage, quoique la plus forte partie soit retenue à cause du gonflement que ces corps ont éprouvé pendant la formation de la pâte, il est donc utile de les séparer quand les dépôts ne se forment plus bien.

Note 3e Ce tamis peut être mû par un mécanisme quelconque. Le vase qui reçoit l'amidon, s'il est en bois de chêne neuf, doit avoir été trempé et lavé à l'eau bouillante; le hêtre et le sapin conviennent mieux.

Note 4e Cet amidon est ordinairement acide, d'une odeur particulière, d'une couleur blanche-jaunâtre qui passe au blanc-gris par la dessication; il est difficile à casser et prend du poli par le frottement. Son empois appliqué sur du papier ou des tissus jouit de la même propriété.

Le gros noir des Amidonniers travaillant par l'ancien procédé, étant moins beau et différant du nôtre, par le gluten altéré qu'il contient, j'ai préféré appeler ce dernier dépôt mou, amidon gras, nom que lui donnent les ouvriers.

Note 5e En mélangeant la fécule et le gluten dans les proportions qu'indique l'analyse de la farine de froment, et dans les conditions voulues pour la pâte à faire le pain, je n'ai jamais cru que la fermentation panaire pût être parfaite, vu l'absence de la matière sucrée, partie essentielle à la fermentation panaire; mais, par l'addition de pommes de terre cuites, contenant assez abondamment le principe sucré, les conditions se trouvant rétablies, la réussite n'était pas douteuse pour moi.

Voici mes proportions qu'on peut, du reste, varier :

Gluten frais, 4 kilogrammes;
Fécule, 4 1/2 kil.;
Pommes de terre jaunes, de bonne qualité, cuites à la vapeur, pelées et écrasées chaudes, 6 kil.;
Sel, levûre ou levain de pâte, quantité suffisante;
Eeau suffisamment chaude, 2 1/2 kil. environ;

ou

Gluten séché avec la fécule, réduit en farine, 3 kil.;
Fécule, 3 kil.;
Pommes de terre cuites, 6 kil.;
Eau, environ 5 kil.;
Sel, levûre ou levain de pâte, quantité suffisante.

Vervins. Imp. de DELONCHAMPS.

www.ingramcontent.com/pod-product-compliance
Lightning Source LLC
LaVergne TN
LVHW050504160826
845677LV00003B/938

9782329659459